食品有意思系列
科普图书

藏在食物里的为什么

食品有意思　编绘
韩军花　主审

化学工业出版社
·北京·

内容简介

每个孩子都是在探索和思考世界的过程中慢慢成长起来的，喜欢问"为什么"的孩子大脑更活跃。《藏在食物里的为什么》从孩子们每天都能接触到的食物世界入手，用适合孩子的通俗语言辅以绘本式插图的形式来讲解食品相关科学知识，让科学变得更加直观、生动和有趣。

本书根据儿童的认知和理解能力引导启发孩子发现食物里蕴藏着的无数奥秘，通过解答孩子们脑中关于各种食物的疑问，带孩子们认识食物、了解食物，增加对食物的认知，同时，结合食品安全与营养健康科学知识，扩展孩子们的科学视野，帮助孩子们从小树立正确的营养健康观念，增强食品安全自我保护意识，养成良好的饮食卫生习惯和健康生活方式。

图书在版编目（CIP）数据

藏在食物里的为什么/食品有意思编绘. —北京：化学工业出版社，2024.1

（食品有意思系列科普图书）

ISBN 978-7-122-44412-7

Ⅰ.①藏…　Ⅱ.①食…　Ⅲ.①食品-儿童读物　Ⅳ.①TS2-49

中国国家版本馆CIP数据核字（2023）第214584号

责任编辑：迟　蕾　李植峰　　　装帧设计：王晓宇
责任校对：宋　玮

出版发行：化学工业出版社
　　　　　（北京市东城区青年湖南街13号　邮政编码100011）
印　　装：中煤（北京）印务有限公司
710mm×1000mm　1/16　印张7$\frac{1}{4}$　字数81千字
2024年1月北京第1版第1次印刷

购书咨询：010-64518888　　　售后服务：010-64518899
网　　址：http://www.cip.com.cn
凡购买本书，如有缺损质量问题，本社销售中心负责调换。

定　　价：39.80元

孩子们的小脑袋里总是充满了各种问号

喜欢问"为什么"的孩子大脑更活跃

可是家长们却经常被千奇百怪的"为什么"问倒

食物世界里也蕴藏着无数的奥秘哦

为什么黄瓜明明是绿色的，却叫黄瓜？

小龙虾是龙虾吗？

为什么吃过薄荷会有凉凉的感觉？

好吃的香草味是怎么来的？

......

想知道答案吗？

快来一起进入奇妙的食物王国，

开启探索之旅吧！

目录

二、食物制作

三、食物食用

奇妙的食物探索之旅
开始了……

一、食物发现

黄瓜明明是绿色的，为什么叫黄瓜？

黄瓜是我们常吃的一种蔬菜。可是很多人都有一个疑问，黄瓜明明是绿色的，为什么不叫绿瓜，而叫黄瓜呢？这个就要从黄瓜的历史说起啦。

黄瓜原产于喜马拉雅山南麓，是西汉时期张骞出使西域带回中原的。

黄瓜在未成熟时是绿色的，这个阶段的黄瓜也更加清脆可口，适合生吃。但等**黄瓜彻底成熟后，就显出黄色了，所以才叫黄瓜。**

黄瓜的含水量高达95%，虽然其各种营养素含量都不突出，**但是由于热量较低，深受减肥人士的喜爱。**

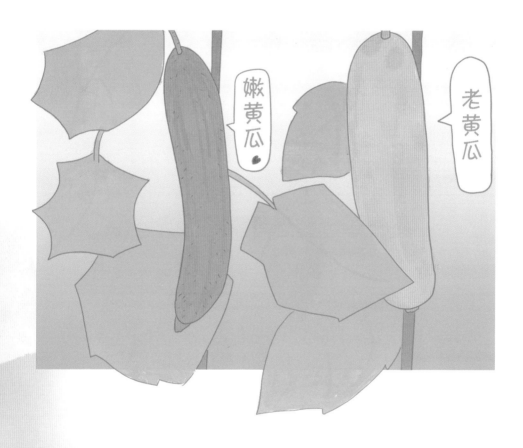

挑选黄瓜时，表皮带刺，刺小而密的往往更好，外形上挑选细长均匀且把短的为佳，大肚子的黄瓜一般就是熟得过了。

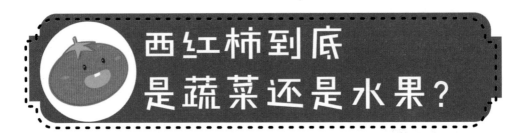

西红柿到底是蔬菜还是水果？

西红柿酸酸甜甜，而且营养丰富，有的人喜欢洗洗直接吃，或者用白糖凉拌西红柿，有的人喜欢吃西红柿炒蛋、西红柿蛋花汤，可很多人都分不清：西红柿到底是蔬菜还是水果？

西红柿原产于南美洲西部太平洋沿岸安第斯山脉附近的高原或谷地。

在美国还曾因为这事打过官司。100多年前，美国税法规定，进口蔬菜要缴纳高达10%的税，而水果不用。

所以几个西红柿进口商将这事闹上了**美国最高法院，**希望将西红柿归类为水果，以求退税。

但是美国最高法院认为，蔬菜和水果本就不是一个科学的分类，更多的是一种人们约定俗成的习惯，**所以仍旧判定西红柿为蔬菜。**

挑选西红柿时，应选择外形圆润、皮薄有弹力、捏上去结实不松软的。

小白兔真的爱吃胡萝卜吗？

很多人都理所当然地认为小白兔爱吃胡萝卜，动画片和漫画册里也经常出现小白兔抱着胡萝卜的画面。可是，小白兔真的爱吃胡萝卜吗？

其实，**大部分小白兔并不爱吃胡萝卜**，跟胡萝卜相比，**它们更爱吃草。**

　　胡萝卜对小白兔来说就像小朋友的零食，并且胡萝卜不易消化，并不适合小白兔脆弱的肠胃。所以即便是小白兔爱吃胡萝卜，也不宜多吃。

虽然胡萝卜不适合小白兔，但它却是难得的优良食物。胡萝卜含有丰富的**胡萝卜素**，人体摄入后可以转化成**维生素A。**另外还含有**丰富的纤维素、维生素K，维生素B$_6$、维生素C、维生素E和叶酸等。**

纤维素

维生素K

维生素B$_6$

维生素C

维生素E

叶酸

选购胡萝卜时，那些中等个头、外表光滑、没有开裂和虫眼且较沉的通常更好。

小龙虾是龙虾吗？

作为美食界的网红选手，香到流口水、鲜到吮手指的小龙虾俘获了无数人的味蕾。但你知道吗，我们常吃的小龙虾其实并不是真正的龙虾。

小龙虾原产自美国中南部和墨西哥东北部，它的学名叫克氏原螯虾，属节肢动物门甲壳纲十足目的螯虾科。

它们大都生活在淡水中，有一双攻击力十足的大钳子。

龙虾的味道鲜美且营养丰富，其蛋白质含量高于一般的鱼、虾，脂肪含量却很低，还含有丰富的钙、磷、钾等营养成分。吃一顿龙虾大餐往往价格不菲，并不像小龙虾那样亲民。

并且真正的龙虾一族都是在大海中畅游的，它们属甲壳纲十足目龙虾科，它们身披坚硬带刺的"盔甲"，只有一对粗长的触须，没有双螯。

不论小龙虾还是龙虾，通常虾身饱满、自然弯曲的，口感更紧实、细嫩。另外，龙虾虽好也不能贪多，尤其与啤酒同食，小心诱发痛风哦。

你吃的菠萝其实是200多朵花

菠萝酸甜爽口、清脆多汁，既可以当水果零食，又可以做菜做点心，是超受欢迎的一种水果。不过啊，有个秘密要告诉你，我们吃的菠萝其实是200多朵花哦。

菠萝原产于美洲，于16世纪50年代传入我国。

菠萝的果实类型比较特殊，在植物学上被称为"**聚花果**"。因为**菠萝是由200多朵小花共同发育形成的**，人们食用的部分其实是菠萝的"**花序轴**"，而食用前挖掉的部分是花萼、苞片、残余的柱头和雄蕊等结构。

所以菠萝和苹果、梨等水果都不同，并不是由1朵花发育来的。

　　菠萝含有**丰富的维生素C、维生素B$_6$、叶酸、锰、镁、钾等，不仅可以解腻助消化，还有生津止渴的作用。**

　　选购菠萝时，应选择淡黄色或亮黄色、果形端正的，用手轻轻按压菠萝，挺实而微软的成熟度较好。

糖心苹果其实是一种病？

苹果是很多小朋友喜爱的水果，如果无意间能吃到一个甜甜的糖心苹果，那可以说是一天之中的小确幸了。**可是你知道吗？糖心苹果其实是一种病哦。**

糖心苹果的中心及其附近有半透明的硬块，颜色较深，吃起来更甜，因此深受消费者喜爱。但是糖心苹果其实是一种**生理性病害**，又叫**水心病**。苹果得了水心病，导致糖分的堆积，形成了**糖心苹果**。

不过消费者并不用担心，在"糖心"未发生褐变腐败之前，食用这类苹果对身体没有任何伤害。

唯一的缺点就是糖心苹果不易储存，容易褐变腐烂。买到糖心苹果要尽快食用，不要存放太久。

苹果含有丰富的膳食纤维、维生素和矿物质，而且含有多种重要的类黄酮，对人体益处颇多。

挑苹果并非全靠"颜值"。如选购红富士等品种时，身上有条纹的苹果往往比上色均一的味道要好。同等大小的苹果，越重的说明水分越足，口感也更好。

# 畸形草莓能吃吗?

红彤彤、圆润润、酸甜可口的草莓，令人垂涎欲滴，可偶尔碰到一两个长得畸形的草莓，不但影响食欲，还会让人担心这些草莓都是膨大剂催长的，这是真的吗？这样的草莓能放心吃吗？

不好意思啦~

草莓畸形果产生的原因跟它表面分布的像芝麻似的小颗粒有关，那是它的种子。

授上粉的草莓种子会分泌**赤霉素**，促进附近的果肉生长，使果肉快速膨胀。而没授上粉的部分，果肉膨胀得就慢。一般10个自然生长的草莓中，就会有一两个畸形果，这是很正常的。畸形草莓大多是因为授粉不均匀导致的，大家不必过于担忧。

还有人可能会担心，有的草莓种子是白色，有的草莓种子是红色，是不是红色种子的草莓是染色的呀？

　　其实这也是一种**误解**，草莓种子的颜色有许多种，它们与品种有关，黄色的、红色的、绿色的都有，与草莓成不成熟没关系。

　　成熟的草莓保存期很短，市售草莓需要提前采摘，这才是有些草莓不甜和颜色不均匀的主要原因。

　　品种不同、日光照射不均匀等因素也会影响草莓的品质和颜色，但都和"膨大剂"和"染色"没有关系，许多谣言的起因都是因为不了解。草莓，我们是可以放心吃的。

为什么东北大米和南方大米不一样？

一碗好饭，从一粒好米开始。一碗香喷喷的米饭，吃出的是满满的幸福感。中国一直有"南米北面"的说法，但是现在北方也大面积种植大米，尤其在土地肥沃的东北地区。

那么，同样是大米，东北大米和南方大米有哪些不同呢？

水稻的品种有籼稻和粳稻，**东北地区**一般种植粳稻，米粒短且圆，它的**支链淀粉**含量较高，质感较软。

南方普遍种植籼稻，颗粒一般比较修长，其中的**直链淀粉**含量较高，黏性较差，质感偏硬。

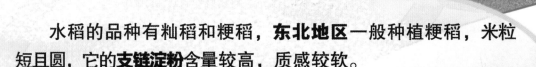

- **支链淀粉**的结构复杂，有很多树杈一样的分支，更易被消化酶作用，相对易消化，使食物更软糯，遇碘会变棕色。
- **直链淀粉**是一串葡萄糖首尾相接聚合成的，结构紧密，不易被消化吸收，令食物很难被煮熟或呈黏稠的状态，遇碘呈现蓝色。

另外，南方温度高，稻米成熟快，一年能收获两到三季，而东北水稻一年只能收获一季。

不管是东北大米还是南方大米，加工成精米后其营养成分都差不多，80%以上是碳水化合物，膳食纤维、蛋白质和B族维生素等营养成分含量较少。

因此建议消费者适当吃一些糙米，不要过分追求外观亮白、口感细腻的精米，粗细搭配才会更健康。

扇贝竟然有200多只眼睛，你知道长在哪里吗？

扇贝鲜味十足，还富含蛋白质和钙等成分，具有很高的营养价值，一直深受人们喜爱。在清洗扇贝、食用扇贝的时候，大家有没有注意过扇贝的眼睛呢，它的眼睛长在哪里呢？

在扇贝贝壳的边缘凹陷处，闪耀着一个个深色的小点，这就是扇贝的眼，多达二百多只。扇贝的每只眼睛中都有与人眼类似的视网膜和晶状体，它们能帮助扇贝感受明暗光影的变化，从而躲避掠食者的攻击。

由于扇贝的眼睛长在贝壳边缘的外套膜（裙边）处，通常在上桌前已经把这部分去掉了，所以很多人吃扇贝的时候并没有看到它密密麻麻的小眼睛。

●　●　●　●　●　●　●　●　●

选购扇贝时，大小均匀、外壳颜色一致有光泽，并且轻触张开的贝壳，能迅速闭合的扇贝通常才是好扇贝。由于扇贝易携带副溶血性弧菌等致病菌，所以吃之前应彻底烹熟。另外，扇贝橙色（雌）或白色（雄）的生殖腺和黑色的消化腺中最易富集各类藻类毒素和重金属污染物，最好不吃。

为什么有的水果上会打"蜡"?

水果店里的水果通常色泽鲜艳、表皮光滑，看起来很漂亮，买回家后用刀一刮有时会刮出一层白色的蜡。为什么要给水果打蜡呢？吃了打蜡的水果对人体有害吗？

巴西棕榈蜡

水果表面涂的这种"蜡"叫巴西棕榈蜡。巴西棕榈蜡是一种可以用于巧克力、糖果和新鲜水果的被膜剂和抗结剂。当巧克力和硬糖表面涂有巴西棕榈蜡时，可以让它们的外表更加鲜艳光亮，还能避免相互粘连。

当苹果等新鲜水果表面涂上巴西棕榈蜡后，既可以抑制水果内部水分蒸发，又可以防止微生物入侵，有效延长水果的保鲜期。

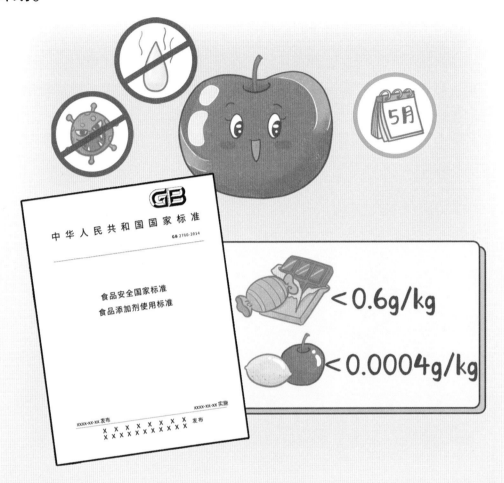

根据食品安全国家标准GB 2760中的规定，在巧克力和糖果中，巴西棕榈蜡最大使用量不得超过0.6g/kg；在新鲜水果上其残留量不得超过0.0004g/kg，按规定使用对人体无害。

并不是所有水果都会使用巴西棕榈蜡，如果实在担心，去皮再吃就可以啦。

真的有打针西瓜吗?

每年西瓜上市时，都会有各种"打针"西瓜的传言，说是黑心商贩为了卖个好价钱，用针头给西瓜注射甜味剂让西瓜变得更甜，这让很多吃瓜群众忧心忡忡。那么"打针"西瓜真的存在吗?

其实这是一条谣言。用针注入甜味剂后难免留下针孔，反而容易造成细菌污染，加速瓜的腐烂。要想西瓜增甜，完全可以通过合理施肥、改良品种等更"省事"的方法来实现。

西瓜含有丰富的维生素C、维生素B_6、纤维素等，还含有大量的胡萝卜素，在体内可以转化成维生素A。另外，西瓜中的胡萝卜素和番茄红素还具有抗氧化作用。所以西瓜是一种爽口解渴、清热解暑的夏季水果。

通常瓜形匀称、表面光滑、花纹清晰的，瓜脐和瓜柄部位凹陷较深的西瓜更好。另外，同样大小的瓜，重量更轻的，成熟度更好。

野菜就是绿色食品吗?

野菜长于野外,看起来没有打过农药,没有经过人工的干预,是吸收天地精华自然生长的纯天然食物,所以很多人认为野菜是"绿色食品",果真如此吗?

事实上,大部分野菜虽是自然生长的,但并不算绿色食品。

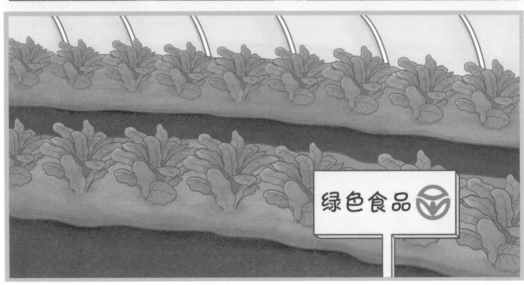

绿色食品

绿色食品不仅要求产地的生态环境优良,还必须按照绿色食品的标准生产并实行全过程质量控制,只有经过专门机构认定获得绿色食品标志的安全、优质产品才是真正的绿色食品。

而野菜除少数人工种植的以外，大部分都是凭一己之力自然生长的，并没有经过严格的监控和管理。供其养分的土壤可能已被垃圾、废水污染；赖以生存的空气也可能不断充斥着有害废气；在园林部门大面积喷洒农药、杀虫剂时，这些野菜也都"雨露均沾"难以幸免。时间久了，这些有毒物质就不知不觉在野菜中潜伏了下来。

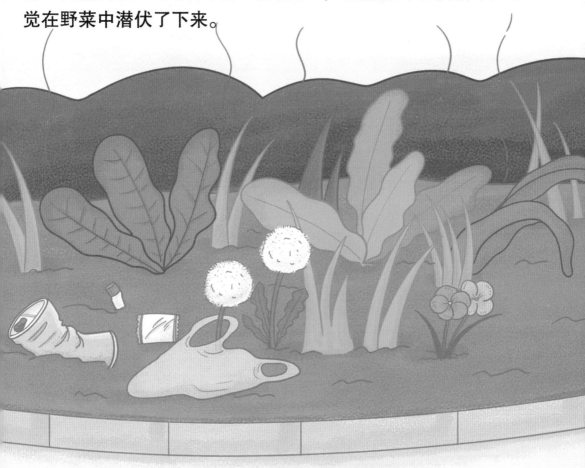

　　另外，有些野菜本身可能就含有让人过敏甚至中毒的毒素，误采误食小心给你"撒点野"，让你食物中毒，所以看似天然的野菜其实并不"绿色"哦。

为什么乌鸡一身黑？

鸡的种类有很多，颜色也不尽相同。比如乌鸡，不仅鸡皮是黑色的，连骨头都是黑色的。在我国，乌鸡也一直都是滋补品的代名词。乌鸡到底有什么特殊之处呢？

乌鸡又名乌骨鸡、药鸡，原产于江西省吉安市泰和县。在古代，乌鸡十分珍贵，是皇家才能享用的珍品食材。

真正的好乌鸡乌骨白毛，骨和肉的黑色深重，连鸡舌也是黑色的，这拉低颜值的黑竟如此难得！的确，乌鸡从胚胎孵化的早期，就开始在体内由酪氨酸酶、多巴色素互变酶和二羟基吲哚酸（DHICA）氧化酶等大量合成真黑色素，这种色素不但能富集微量元素，还具有清除自由基、抗衰老、抗氧化、吸收并转换紫外线等作用。

酪氨酸酶

多巴色素互变酶

DHICA氧化酶

黑色素

乌鸡含有丰富的铁、钙、锌、蛋白质等营养物质，与常见的白羽鸡相比，它的口感更好，营养价值更高。

如何挑出最甜的那串葡萄?

葡萄是世界最古老的植物之一,据古生物学家考证,距今六百五十多万年前就已经有了葡萄。葡萄的品种很多,不仅味美多汁,而且营养价值很高。你喜欢吃葡萄吗?知道什么样的葡萄最甜吗?

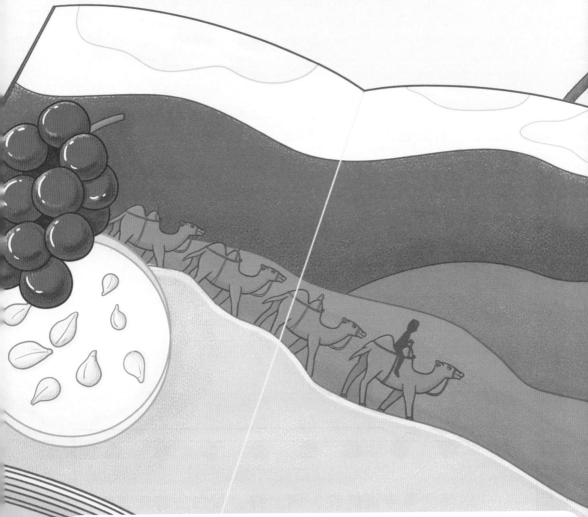

葡萄原产于高加索地区,早在西汉时期,葡萄便经丝绸之路传入我国。《史记·大宛列传》和《汉书·西域传》都有汉使从西域带回葡萄种的记载。所以如果你在秦朝题材电视剧里看见了葡萄……那就当没看见吧。

葡萄富含维生素B$_6$、维生素C和维生素K，同时富含白藜芦醇等多酚类抗氧化物质。

选购葡萄时往往通过"尝"来直接判断葡萄的好坏。受阳光、养分输送等方面的影响，一整串葡萄中背光面最下面一颗往往最不甜。如果这颗葡萄尝起来也非常可口，说明买这串葡萄错不了。

# 你知道大部分番木瓜都是转基因的吗?

番木瓜,香气浓郁,果肉厚实细致、甜美可口、汁水丰多、营养丰富,半个中等大小的番木瓜足可供成人一整天所需的维生素C。番木瓜在中国有"百益之果""水果之皇""万寿果"之雅称。可是你知道吗?现在大部分的番木瓜都是转基因的哦。

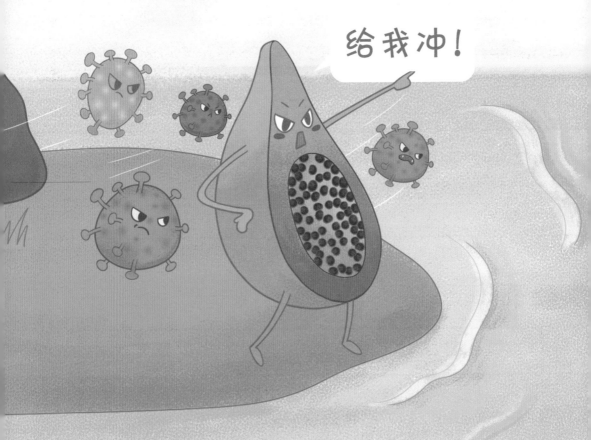

给我冲!

番木瓜原产于美洲地区,于17世纪经海上丝绸之路传入我国。然而,1948年,美国夏威夷瓦胡岛上发现的番木瓜环斑病毒,为全世界番木瓜的生产带来了灾难。其发病率达90%以上,严重时会导致番木瓜减产八九成。

又因为野生番木瓜中对病毒的抗性很难通过常规的杂交方法转移到栽培品种中，所以人们想到了转基因技术。2006年，华南农业大学研发的华农1号转基因番木瓜品种获得安全证书并得以应用，从根本上解决了我国番木瓜环斑病毒的威胁。时至今日，我国同全世界其他国家一样，种植的番木瓜绝大多数都是转基因的。

新鲜番木瓜含有丰富的维生素C、维生素E、维生素K、叶酸等，而且还含有丰富的胡萝卜素，可以在体内可以转化成维生素A。

外表全部黄透、手感发软、瓜肚大的往往瓜肉肥厚且成熟度较好，适合生吃。未完全成熟的青皮番木瓜更适合煲汤。

为什么冰镇过的西瓜更甜？

在炎炎夏日，除了空调、风扇、冷饮之外，西瓜也是一种让人难以拒绝的存在。西瓜含水量大，不仅可以解暑，还能为我们补充水分，可你有没有发现同一个西瓜冰镇过后会更甜？

这不是错觉，真的是"冰西瓜"变甜了，这跟西瓜中含有的**果糖**有关。果糖是一种常见的单糖，广泛存在于蜂蜜及水果中，是天然糖类中甜度最高的糖。

西瓜中的甜味主要来源于三种糖——**葡萄糖、果糖、蔗糖**，其中果糖的含量最高。

果糖有个特性，甜度受温度的影响较大，40℃以下时，温度越低，果糖甜度会越高。

这是因为果糖有两种类型：吡喃型果糖和呋喃型果糖，吡喃型果糖的甜度是呋喃型果糖的三倍，在低温条件下呋喃型果糖会向吡喃型果糖转变，所以冰镇后的西瓜会变甜。

除了西瓜外，荔枝、苹果、梨等一些果糖含量高的水果，冰镇过后也会更甜一些，在工业生产中常利用果糖遇冷变甜的特性将它添加到一些冷饮中。

"冰西瓜"虽然更甜，但要注意西瓜在冰箱中的冷藏时间不宜过长，否则容易滋生细菌甚至变质；"冰西瓜"也不宜多吃，食用过多可能会刺激胃肠道，引起胃肠痉挛，引发胃痛，肠胃不好的人更应该注意。

蛋黄越红越好吗?

不少人都把蛋黄颜色是否偏红作为衡量鸡蛋好坏的标准,认为偏红的蛋黄更好、更有营养,甚至将红心蛋当作散养土鸡蛋的标志。事实真的是这样吗?

其实不然,鸡蛋的蛋黄颜色深浅,主要与鸡的饮食有关。

一般**散养的土鸡**可以采食到含有更丰富类胡萝卜素的食物,蛋黄就偏红一些。

笼养鸡由于饲料相对固定,可以改善蛋黄颜色的色素含量较少,蛋黄颜色就较淡。

有的养殖户就抓住了消费者的这种心理，**向饲料中添加一些国家允许使用的着色剂**，如斑蝥黄、辣椒红、叶黄素等，来加深蛋黄的颜色。甚至还有不法分子为了谋利，向饲料中添加苏丹红等**化工染料**来达到产出红心蛋的目的。

其实从营养角度，我们**吃鸡蛋是为了获取优质蛋白质**。无论是红心蛋还是普通鸡蛋，它们的蛋白质含量并无显著区别，而有的红心蛋反而存在一定安全隐患。

对于红心蛋，消费者还是不要过于迷恋的好。

二、食物制作

为什么不能吃没煮熟的四季豆？

四季豆好吃又有营养，但是有人吃了没煮熟的四季豆后，出现恶心、呕吐、腹泻等中毒症状，这是为什么呢？

因为在四季豆、大豆等豆科植物的种子和荚果中，存在一种叫**植物凝集素**的物质，**对红细胞有凝集作用**，一旦进入血液，能**破坏红细胞的输氧能力，使食用者中毒**。

另外，红细胞凝集素和皂苷还会降低消化道对营养成分的吸收，是一种"抗营养物质"。

食物要煮熟煮透再吃，这点很重要！

预防四季豆中毒，在烹调时应注意将全部的四季豆充分加热、彻底做熟，使其外观失去原有的生绿色。

为什么发芽的土豆不能吃?

土豆又称马铃薯,是我们餐桌上常见的食物。土豆存放不当会发芽,许多人都知道发芽的土豆是不能吃的,这到底是为什么呢?

土豆、西红柿及茄子等茄科植物中广泛存在着一类有毒的生物碱,叫做**龙葵素**,它可以引起中毒反应。

如果一不小心**摄入过量**,像腹痛、恶心、呕吐算是症状轻的,严重了甚至会瞳孔散大、呼吸麻痹而死亡。

土豆中**龙葵素**的含量随品种和季节的不同而有所不同，主要集中在其芽眼、青紫表皮的部分，**芽眼含量尤其高**。

　　龙葵素可溶于水，遇醋酸、高热时易分解，食用时可通过**去皮、去芽、浸泡、加醋和充分加热等**方式预防中毒。

芽眼

青紫表皮

　　所以，发芽、发绿、腐烂的土豆，不成熟的西红柿、茄子等都含有有毒的龙葵素，千万不要吃哦！

为什么煮熟的螃蟹会变红？

长相狰狞的大螃蟹未入锅前个个通体青黑，一副钢筋铁骨的模样，一旦进了蒸锅，便会大换身，披着鲜艳的红衣让人垂涎欲滴。**这期间螃蟹到底经历了什么？**

螃蟹坚硬的外壳下有一道真皮层，这里散布着很多的**色素细胞**，正是它们决定了螃蟹外表的颜色。

外壳

真皮层

色素细胞

虾红素

一点也不热啊

溜了溜了

在螃蟹的这些色素细胞中，含虾红素的细胞较多，当虾红素与不同种类的蛋白质结合在一起时，呈现蓝紫或青绿色。

一旦来到高温环境下，蛋白质发生变性与虾红素分离，其他大部分色素也被分解，只有虾红素不怕热被保留了下来，便成了煮熟后螃蟹的颜色了。

秋风起，蟹脚肥，每年的九十月份，正是螃蟹黄多油满之时，螃蟹含有丰富的蛋白质及微量元素，不过肠胃柔弱者吃螃蟹可得小心，稍不留神就容易腹泻，美味也得适可而止。

一般活力强、肚脐凸出、分量重的螃蟹更肥，农历八九月份的雌蟹以及九月份后的雄蟹滋味和营养最佳。

为什么紫薯
煮粥后会变色？

　　紫薯是餐桌上备受欢迎的粗粮。但有人用紫薯煮粥后发现它变了色，不敢再吃了，这样的紫薯是被染色了么？

　　其实，紫薯煮粥变色是一种正常现象，是紫薯中含有的花青素在作怪。花青素是一类广泛存在于植物中的水溶性色素，水果、蔬菜、花卉等五彩缤纷的颜色多与此类色素有关。

花青素
pH < 7

花青素
pH > 7

花青素
pH=7

　　花青素会随着周围环境酸碱度的变化，而呈现出不同的颜色。
　　当处于酸性环境（pH＜7）时，花青素会呈现出红色。
　　当处于碱性环境（pH＞7）时，会呈现出蓝色。
　　当处于中性环境（pH＝7）时，则呈现出淡紫色。

有些地区自来水中含有的钙、镁等离子，会使水呈弱碱性，所以紫薯煮粥会变蓝。另外，有人煮粥时喜欢放点碱，花青素遇碱就会变蓝，甚至变为蓝绿色。

　　如果你接受不了这种蓝色的话，可以在煮粥时加点柠檬汁或者其它酸性物质中和一下，或者直接用纯净水来煮。

纯净水

　　除了紫薯外，紫米、紫花生、紫玉米、黑枸杞等富含花青素的食物也会出现类似的变色现象，即使煮了后变蓝，也是可以放心食用的。

日常在家里煮奶时，常常会发现加热煮沸后的牛奶，上面往往漂浮着一层皮，它的味道像奶片一样醇厚，这层皮是什么？为什么会出现这层皮呢？

乳蛋白变性

乳脂肪

原来，牛奶受热后，乳脂肪会膨胀上浮，聚集到牛奶表面，随着加热的持续进行，乳蛋白变性与乳脂肪凝结在一起，最终形成了"奶皮"。

牛奶营养丰富，且牛奶蛋白质的氨基酸模式与人体的较为接近，易被人体消化吸收。此外，牛奶中还含有丰富的脂溶性维生素和矿物质，是世界公认的自然界最接近完美的食物，被人们誉为"白色血液"。

在众多奶类中，需冷藏的巴氏杀菌奶营养和风味更佳，常温存放的纯牛奶方便储存和携带，大家可根据需要进行选购。

为什么面团可以捏成不同的形状?

　　北方人多爱吃面食,像馒头、花卷、面条、饺子等。把面粉和水混合在一起,用力捏一捏、团一团,面粉就会变身成面团,还可以变成很多有趣的造型,制作成各种各样的面点。为什么面团可以大变身呢?

面筋蛋白

淀粉 淀粉 淀粉 淀粉 淀粉

　　面团变身的"魔力"主要在于面粉中的**面筋蛋白**。加水后,蛋白质分子吸水膨胀,在揉捏过程中相互交联,形成巨大的立体网状结构,构成了面团的骨架。

面筋蛋白是螺旋状的，可以随意拉伸和弯曲，造就了面团的弹性，而淀粉吸水润胀，填充在面筋蛋白的骨架结构中。经过揉捏，面团膨胀圆滑，不再"抗拒"变形，因此可以做成各种花样。

　　面粉是由小麦脱壳研磨而来的，其营养成分中约75%是淀粉，还含有部分蛋白质、B族维生素和少量的膳食纤维。

淀粉

蛋白质

B族维生素

膳食纤维

　　在做面条、包子、馒头、烙饼等时，可以在面粉中加入适量的鸡蛋、牛奶和少量的盐，不仅能够提高面食的营养价值，还能使做出的面食口感更佳。

为什么干紫菜是紫色的，炖汤后却变成了绿色？

许多小朋友喜欢吃紫菜汤、紫菜包饭，除了知道紫菜味道鲜美以外，你有没有发现干紫菜是紫色的，炖汤后却变成了绿色，这是为啥呢？

没事！还有我呢！

叶黄素

藻蓝素

叶绿素

藻红素

兄弟们，好热！我顶不住了！

紫菜是一种水生食用藻类，含有多种天然色素，如藻红素、叶绿素、叶黄素、藻蓝素等，干紫菜中藻红素的含量较高，会使紫菜呈现紫色。

但藻红素是一种蛋白质类色素，性质不稳定，遇热易分解。当紫菜做汤时，随着温度的升高，紫菜中的藻红素逐渐分解，叶绿素就成了主要呈现颜色的色素。所以，我们平常看到的紫菜是紫色的，炖汤后就变成了绿色。

另外，一些长期储存的紫菜，也会因为藻红素逐渐降解而变成绿色。再者，把紫菜泡在水里，水的颜色变红，也是因为藻红素溶解到水里，使其颜色发生变化，这些都属于正常现象。

紫菜中除了含有色素外，还含有蛋白质、必需氨基酸、不饱和脂肪酸、维生素、矿物质等多种营养物质，营养价值较高，紫菜是维生素B_{12}的良好来源，也是理想的补碘食材。

但我们要注意的是，紫菜的含钠量较高，烹调时应当尽量少放盐。

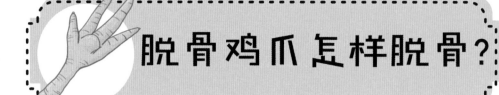

脱骨鸡爪怎样脱骨？

"先有鸡还是先有蛋"是让人争论不休的千古辩题，而鸡爪好吃却是个不争的事实，特别是脱骨鸡爪，吃起来又方便又过瘾。可说到鸡爪的脱骨，人们常心生疑惑，还有很多人以为它是用嘴啃出来的。脱骨鸡爪到底是怎样脱骨的呢？

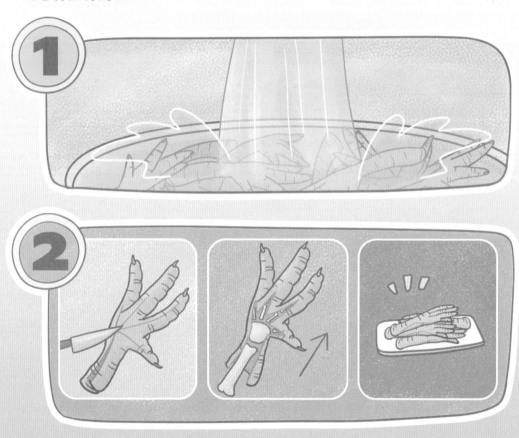

大家可以放心，无骨鸡爪如果是"啃"出来的肯定会留下齿痕。大部分规模化生产的无骨鸡爪都是采用了一个绝招：

①把经煮制的鸡爪立刻用流水快速降温；

②用小刀的刀尖从鸡爪掌背开始，在脚趾背上各划一道，用手捏住鸡爪的指头，向鸡爪中心一推，骨头就下来了。

鸡爪多皮、筋，胶质大，但缺乏铁、锌、维生素等，且胆固醇含量高，所以应与其它水果、蔬菜搭配食用。

选购鸡爪时，要挑鸡爪的肉皮色泽白亮并且富有光泽，无残留黄色硬皮的；好鸡爪质地紧密，富有弹性，表面微干或略显湿润且不黏手。如果鸡爪色泽暗淡无光，表面发黏，则表明鸡爪存放时间过久，不宜选购。

土豆能当饭吃吗？

土豆在我国大部分地区一直被当做蔬菜，"酸辣土豆丝"就是一道大家很熟悉的家常菜，但是土豆也常常被做成土豆饼、土豆莜面等主食。

后来，随着"马铃薯主粮化战略"的提出，土豆正逐渐成为我国继水稻、玉米、小麦之后的第四大主粮作物。所以，别拿土豆不当"干粮"。

大米、小麦和玉米提供的营养成分，土豆都能提供，甚至更为优越。而土豆淀粉中有一部分抗性淀粉，难以被消化吸收，热量更低。另外，土豆中的氨基酸组成更加合理，且含有较多的B族维生素、维生素C、钾等。

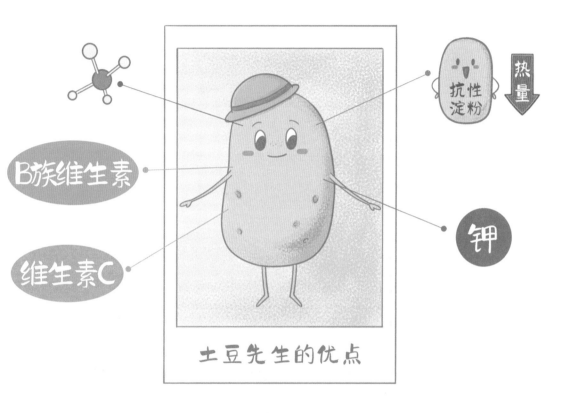

B族维生素

维生素C

抗性淀粉

热量

钾

土豆先生的优点

　　买土豆要尽量挑选个头适中且均匀、表皮平整且干燥的，表皮青紫、发芽的土豆坚决不能买，因为含有有毒的龙葵碱，大量食用会导致中毒。

为什么皮蛋上会有松花？

皮蛋因蛋清的皮层有朵朵针状的结晶花纹，又叫松花蛋。"蛋好松花开，花开皮蛋好"，松花丛生是一颗好皮蛋的重要特征，那松花是怎么开到皮蛋上的呢？

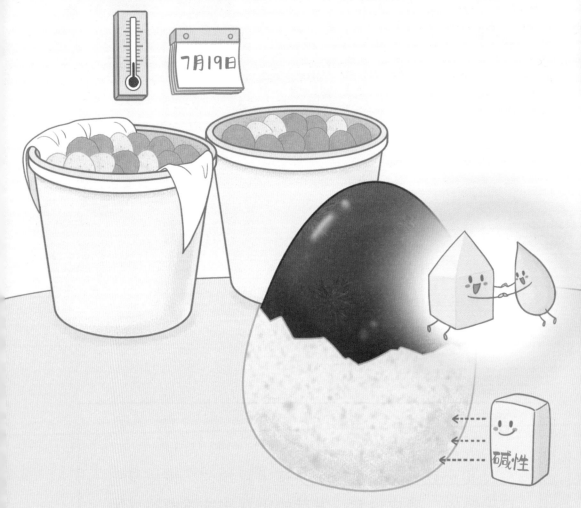

碱性

皮蛋上漂亮的松花纹其实是氢氧化镁和水分子形成的晶体，它是皮蛋腌制过程中，碱性物质穿过蛋壳上的细孔，与蛋清中的蛋白质发生反应形成的。松花的数量和形态与皮蛋的腌制工艺、腌制时间和温度等因素有关。

皮蛋常以鸭蛋为主要原料，其营养基本与鸭蛋一致。

　　购买皮蛋时最好选择标签上有"无铅"字样的。由于低温会影响松花蛋的风味和色泽，使其品质变差，所以买回家的松花蛋不宜放置于冰箱中，应在室温干燥通风的地方避光保存，保质期为3~6个月。

可以做汤的紫菜在人们眼里是一种十分接地气的食品，一买一大坨，储存得当可以放很久。

而海苔往往被人当成休闲食品，绿色薄薄的一片，吃起来酥脆鲜香。价格上也能差上十多倍，一般很难将二者联系到一起。

产品名称：夹心海苔
配料：紫菜、芝麻、白砂糖、麦芽糊精

其实通过食品配料表就能发现，**美味的海苔都是以紫菜为原料制作的。**

我要当一片酥脆的海苔！

我要征服这片海！

……

紫菜一般都是生长在浅海的礁石上，是礁石上互生藻类的统称。

海苔的生产厂家将紫菜经过漂洗、脱水、烘烤、添加辅料等一系列工艺，使紫菜的口感、味道发生质变，就变成了海苔。

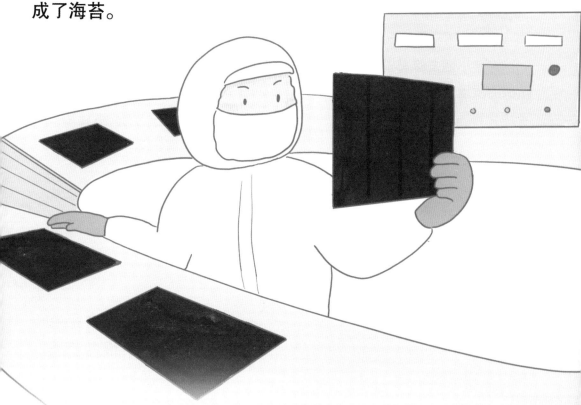

紫菜含有丰富的胡萝卜素以及钾、钙、镁等矿物质。尤其是碘含量较高，是理想的补碘食材。另外，紫菜还含有丰富的谷氨酸、甘氨酸等鲜味物质，堪称是天然的增鲜食材。

为什么果冻会凝固？

许多小朋友都喜欢吃果冻、老酸奶、果酱等食品，你知道它们浓厚的、黏稠的质地是怎么来的么？

其实这些食品在制作过程中很多都会用到增稠剂，它是一种食品添加剂。

快要变黏糊糊啦！

增稠剂可以提高食品的黏稠度或使其形成凝胶，从而改变食品的物理性状，赋予食品黏润、适宜的口感，并兼有乳化、稳定或使液体食品呈悬浮状态的作用，也被称为水溶胶、食品胶或亲水胶。

增稠剂按照来源可分为天然和化学合成两大类。

天然食品增稠剂主要有：

植物性增稠剂，如：亚麻子胶、果胶、决明胶等；

动物性增稠剂，如：明胶、甲壳素、壳聚糖等；

微生物增稠剂，如：黄原胶、结冷胶、普鲁兰多糖等；

海藻增稠剂，如：琼脂、卡拉胶、海藻酸钠等。

化学合成增稠剂常见的有羧甲基纤维素钠、羧甲基淀粉钠、聚丙烯酸钠等。

食品增稠剂在延长食品保质期、改善食品外观和口感方面起到了促进作用。通过对增稠剂的合理应用，可以让食品获得各种形状和硬、软、脆、黏、稠等各种口感。

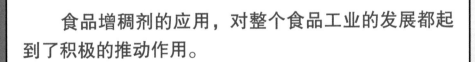

食品增稠剂的应用，对整个食品工业的发展都起到了积极的推动作用。

酸奶菌种越多越好吗?

　　超市里各种品牌的酸奶琳琅满目,仔细观察配料表会发现,一些酸奶的菌种多达10余种,如鼠李糖乳杆菌、植物乳杆菌、嗜酸乳杆菌等。对于酸奶来说,真的菌种越多越好吗?

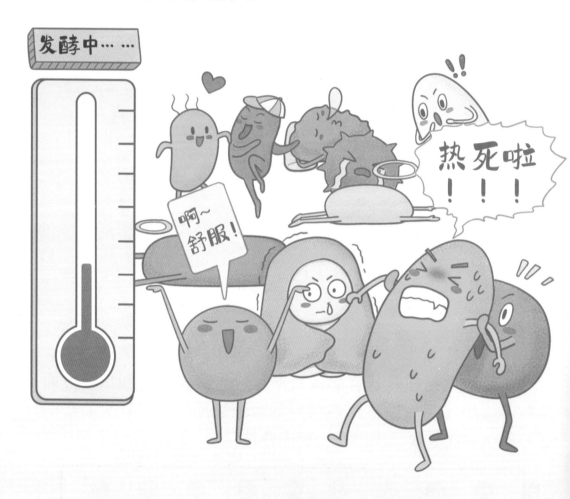

　　酸奶营养丰富,对促进肠道消化、增进食欲有重要作用。但酸奶中的菌种数量并非越多越好。首先,不同乳酸菌的最适发酵条件存在差异,菌种数量越多,发酵条件越难统一,发酵的效果不一定越好。

其次，多种"益生菌"的加入，看起来似乎更有"营养"，但不同菌种之间存在竞争关系，也会影响它们的发酵效果。且多数益生菌还未到达肠胃就中途"死"掉了，并不能起到益生作用。

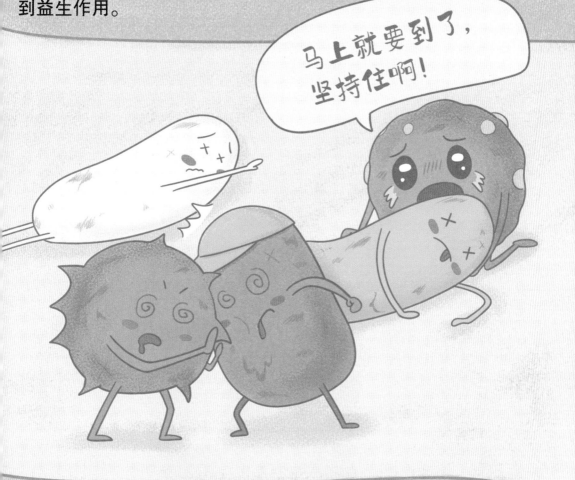

在日常选购酸奶时，不必过于在意菌种的多少，但要注意菌落总数要达到国家标准。一般来说，应尽量选择4℃左右冷藏的、离生产日期较近的酸奶。

口香糖嚼完后，还剩下了啥？

很多人喜欢在无聊的时候嚼口香糖，不光可以缓解嘴巴的寂寞，还可以清新口气。嚼口香糖的时候，也经常会有大人提醒，小心不要吞进肚子里，会粘住肠子。当口香糖的甜味逐渐消失后，剩下的黏黏的东西到底是啥呢？真的会粘住肠子吗？

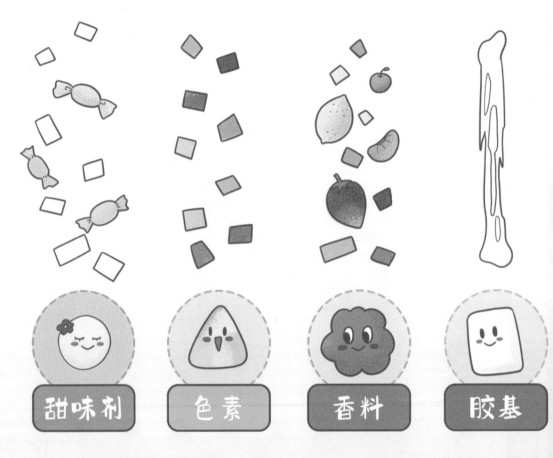

甜味剂　色素　香料　胶基

口香糖是由甜味剂、色素、香料、胶基等做成的一种糖果。其中，甜味剂赋予口香糖甜味；色素赋予口香糖不同的颜色；香料赋予口香糖不同的香味；胶基就是口香糖嚼完后剩下的黏黏的物质，赋予口香糖耐咀嚼功能。这些都是常见的食品添加剂，在合理使用的情况下，可以放心食用。

胶基，又名胶姆糖基础剂或胶基糖果中基础性物质，由橡胶、树脂、填充剂、乳化剂等物质混合而成，是一种无营养、不消化、不溶于水、易咀嚼的固体。

胶基难以被身体消化，不会释放有害物质，也不会黏附于胃肠道。即使不小心吞掉一块口香糖，它也会在1~3天内与粪便一起排出体外。不过大量吞食口香糖有可能会堵塞消化道，所以嚼完的口香糖还是吐出来为好。

口香糖除了好吃好玩，还能发挥一定的作用。在坐飞机时，人们常通过咀嚼口香糖来缓解飞机起飞时带来的耳鸣现象；有时在医院，医生也会建议结肠手术后的患者通过咀嚼口香糖来减少术后肠梗阻的风险。

当然，当嚼完的口香糖粘在衣服、鞋底，怎么都拽不下来时，口香糖便成为人人厌恶的废弃物。这时，我们可以把冰块直接放在口香糖上，"冷敷"3～5分钟，待口香糖变硬，再用尖锐物品小心地把口香糖刮下来就可以了；没有冰块时，也可以把衣物、鞋密封在袋子里，直接放进冰箱。

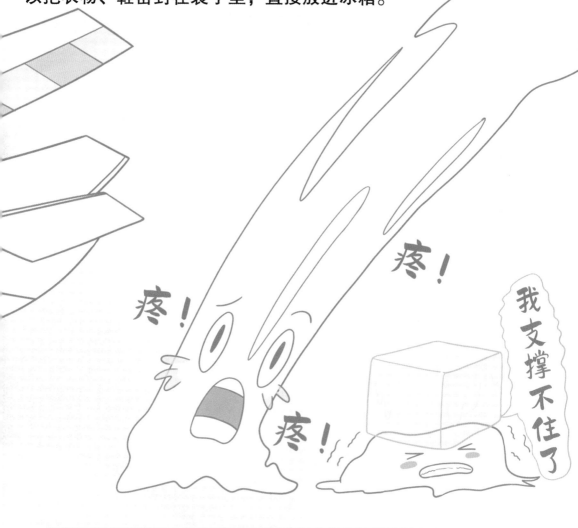

总之就是要让口香糖受冷变硬，这样就方便取下了。

为什么内酯豆腐那么滑嫩?

第一次吃内酯豆腐,很多人都会被它晶莹剔透的外表和滑嫩细腻的口感所折服。内酯豆腐为什么比传统豆腐要细嫩爽滑呢?

传统豆腐

盐卤 石膏

葡萄糖酸-δ-内酯

内酯豆腐

其实这并不神秘。在传统豆腐的制作中,会使用盐卤(氯化镁或氯化钙)、石膏(硫酸钙)来凝固豆腐。内酯豆腐不过是使用了一种叫做葡萄糖酸-δ-内酯的食品添加剂,来使豆腐结构稳定、形态固化,便于塑形。

从功能上说，葡萄糖酸-δ-内酯和氯化镁、硫酸钙一样，在豆腐中都是作为凝固剂与稳定剂使用的。以葡萄糖酸-δ-内酯为凝固剂生产豆腐，可减少蛋白质流失，并使豆腐的保水率提高，且豆腐质地细嫩、有光泽，适口性好，清洁卫生。

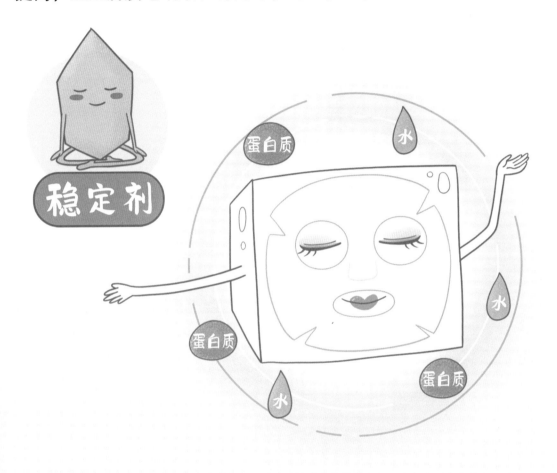

除了豆腐，葡萄糖酸-δ-内酯还被允许加入酸奶、炼乳、稀奶油、干酪、雪糕、果冻、巧克力、方便面、罐头、黄酒等许多食品中，并且没有用量限制。

三、食物食用

为什么胡萝卜吃多了会变"小黄人"?

有没有小朋友有过这样的经历，在吃了大量胡萝卜、橘子等食物后，皮肤发黄，变身"小黄人"了呢？不用担心，这其实是被胡萝卜、橘子中的胡萝卜素"施了魔法"。

类胡萝卜素在黄色、橙色、红色、深绿色的水果、蔬菜中最常见到，它是一大类天然色素，家族成员600多个，β-胡萝卜素、番茄红素、叶黄素、虾青素等都属于这个家族。

食物中存在的类胡萝卜素对人体无毒，具有很高的营养价值，可在抗氧化、调节免疫、延缓衰老等方面发挥重要的作用。

　　但如果短期内摄入了过量的胡萝卜素，会使**血浆中的胡萝卜素浓度增高**，皮肤的角质层出现色素沉积而变身"小黄人"，不过这种现象不会危及生命，也不需要特殊治疗。

　　只要不再食用富含胡萝卜素的食物，皮肤的黄色就会逐渐减轻和消失。

为什么吃辣会上瘾？

辣椒能够刺激食欲，是绝对的下饭神器。很多人一听到"辣"字就会忍不住咽口水，甚至"无辣不欢"。那么你知道为什么吃辣会上瘾么？

其实辣并非味觉，辣椒的"辣"味并不是我们通过味蕾感受到的。辣椒中有一种叫做"辣椒素"的物质，可以触发我们身体感觉神经元上的辣椒素受体（TRPV1），从而产生"辣"的感觉，所以辣是一种触觉。

内啡肽

　　在我们身体中，并不只有口腔可以感受到"辣"，比如当很辣的辣椒接触皮肤、眼睛的时候，或者我们吃完很辣很辣的东西第二天上厕所的时候……这种因辣而引起的灼热和痛觉会让大脑产生"身体受伤"的错觉，从而释放一种止痛物质"内啡肽"。

持续不断的内啡肽刺激，会让人产生一种痛并快乐的感觉。不过不用担心，这种"瘾"对身体并无不良影响，只是大脑被辣椒素"玩弄"的结果。

这种感觉的本质和有人喜欢蹦极、看恐怖电影、坐过山车类似。如果实在辣得厉害，**可以喝几口牛奶，缓解辣味**。

辣椒含有丰富的维生素C、维生素K、维生素B$_6$和辣椒素，但应注意辣椒素具有一定刺激作用，对于患有胃溃疡、胆囊炎、胰腺炎、便秘、痔疮等消化系统疾病患者，还是应谨慎吃辣。

购买辣椒时，我们可以先"捏"一下，捏起来有弹性、外观鲜亮、肉厚的往往就是好辣椒。

为什么花椒那么麻？

花椒，作为厨房里必不可少的一种佐料，有着麻辣香浓的口感，做菜放花椒吃起来特别过瘾，既开胃又暖身。为什么花椒会那么麻呢？

花椒麻素

花椒的麻味来源是花椒麻素，主要存在于花椒果实表面的凸起中。我们咬到花椒的时候会觉得特别麻，其实就是咬破了花椒表面的凸起，使含有花椒麻素的花椒油渗出。

花椒可以去除各种肉类的腥气，促进唾液分泌，还可使血管扩张，从而起到降低血压的作用。

挑选花椒首先看外表，花椒表面的小疙瘩越多，说明花椒越香越麻。其次看颜色，磨砂哑光的花椒品质更佳，太油亮、太红的都不太好。然后闻气味，抓起一小把花椒，握住片刻，可以闻到花椒香气的说明是好的花椒。

完美花椒大赛

评分表
外表：小疙瘩数量 ✅
颜色：磨砂哑光 ✅
气味：花椒香气 ✅　100分

花椒除了可做香辛料提味之外，还有很多用处，比如，用布包上几十粒花椒放入米袋里，可以防止大米生虫；花椒煮水外洗，可以治疗皮肤瘙痒；在橱柜里或者食物附近放一些花椒，可以驱除蚊虫等。

为什么芥末的辣味这么上头？

芥末，是一种能把你辣哭的调味品，味道刺激强烈，可以增强食欲，只需要一点点，辣爽的感觉就会瞬间在鼻腔"爆炸"，直冲头顶，呛得一把鼻涕一把泪。芥末的辣味为啥这么上头呢？

我们所说的芥末，大部分是以十字花科植物芥菜（种子）、辣根、山葵等为原料研磨调制而成的调味品，一般分为黄芥末和绿芥末两种，芥末特有的辣爽感主要跟芥末中含有的异硫氰酸烯丙酯有关。

芥菜种子

异硫氰酸烯丙酯

黄芥末

绿芥末

异硫氰酸烯丙酯能够激活痛觉受体中的通道，且其易挥发，主要集中在鼻道，所以吃进芥末的瞬间，刺激的快感在鼻腔产生，直冲头顶，让人产生咳嗽、窒息以及流泪等反应，但芥末带来的这种刺激快感通常来得快，消失得也快。

虽然芥末吃起来十分上头，但异硫氰酸烯丙酯不是这些十字花科植物中天然就存在的化学物质，在这些植物中存在的是异硫氰酸烯丙酯的前体——硫代葡萄糖苷。只有这些十字花科植物的细胞遭到破坏，硫代葡萄糖苷被酶解，才会产生有刺激性气味的异硫氰酸烯丙酯。

正是因为这样，我们常见的芥末大都以酱的形式存在。

只坏一点的水果
到底能不能吃？

水果只坏了一点，有人秉持"勤俭节约"，把坏掉的部分剔掉继续吃；也有人信奉"安全第一"，**只坏一点也不能吃，直接扔掉！究竟哪种做法是对的呢？**

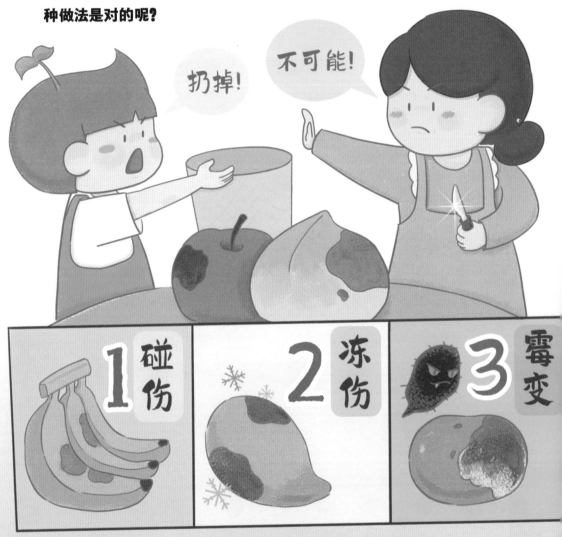

其实，坏了的水果究竟能不能吃，不能一概而论，得弄清它是怎么变坏的。

通常水果变坏的原因有三种：**磕碰引起的损伤、低温引起的冻伤以及微生物引起的霉变腐烂。**

水果在采摘、运输、销售过程中，难免发生**磕碰**，"鼻青脸肿"的水果通常会有果肉细胞破损的情况，只要未滋生微生物，在碰撞之后尽快吃完，一般不会影响健康。

低温冻伤的水果也与水果细胞的破损有关，所以与碰伤的水果类似，只要冻伤程度不重、未滋生微生物，冻伤的水果还是相对安全的。我国北方还有很多人喜欢吃冻梨、冻柿子。

但如果水果已经发生了**霉变腐烂**，不但可能有青霉等霉菌附着在上面，更可能有霉菌毒素扩散到果实的其他部位，即使外观正常的部位也未必安全。

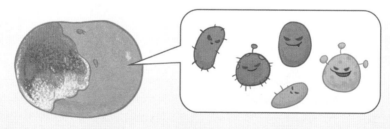

所以，只要发现水果发霉了，别心疼，赶紧扔掉！

为什么吃过薄荷会有凉凉的感觉？

　　很多人会有这个经历，平时喝过薄荷茶、吃过薄荷糖后，嘴巴里感觉凉凉的，连带着呼吸都是凉的，是因为其中的薄荷能够降低口腔内的温度吗？今天就一起了解一下，**吃过薄荷为啥会感觉凉凉的？**

　　"凉"可以解释为对温度的感觉。人体有可以感受温度的感受器，当身体处于低温环境或接触低温物体时，这种冷刺激能够激活感受器中的TRPM8受体。

　　这个受体被激活后，能够将这种"冷"信号通过神经传导至大脑皮质的温度感觉中枢，大脑接收到这个"冷"信号，我们就会感受到凉意。

而薄荷中含有一种成分——**薄荷醇**，同样具有激活TRPM8受体的作用。

吃了含薄荷的食物后，薄荷醇能和口腔中神经细胞膜上负责感测低温的TRPM8受体结合，将神经细胞上传递"冷"信号的通道打开，将这种"冷"信号传递到大脑，让我们产生凉凉的感觉。

也就是说，薄荷进入口腔给我们带来的丝丝凉意，并不是因为薄荷降低了口腔的温度，而是薄荷醇"欺骗"了大脑，让我们产生"好凉"的错觉。

薄荷所产生的清凉感与一般冰冻食品带来的直接冰凉感不同，所以在炎炎夏日，不想吃冰淇淋、雪糕、冰棍的人，不妨用几片薄荷叶泡水试试。

好吃的香草味是怎么来的？

说起香草，你肯定会想到甜甜的香草味冰淇淋、好吃的香草味蛋糕、好喝的香草味牛奶等。香草的香甜滋味深受大多数人的喜爱，**那你知道这好吃的香草味是怎么来的吗？**

新品推荐

香草味冰淇淋

其实，我们吃到的"香草"味，跟其中含有的**食用香料香兰素**有关系。

香兰素又称香草醛，味微甜，有淡淡的奶香味，是一种来源于兰科植物香荚兰的果荚中的有机化合物。
不过新鲜的香荚兰的果荚根本闻不到香草香，因为在新鲜香荚兰的果荚中存在的是没有香味的香兰素葡萄糖苷。

只有经过**杀青、发酵、干燥和熟化**等加工处理，才会将它酶解，释放出香兰素，**散发出香草的清香**。

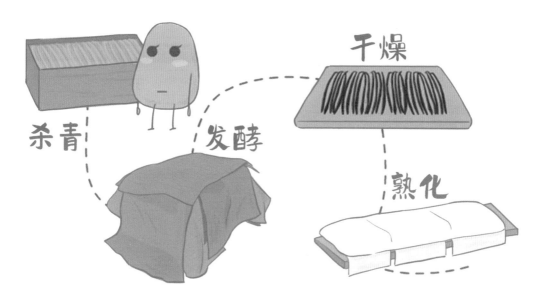

香荚兰果荚处理的每道工序都需要大量的人力、时间，加上提取出来的**天然香兰素含量低、价格昂贵**，使得天然香兰素**供不应求**。

为满足市场需求，**人工香兰素**应运而生。随着人工合成香兰素的出现，香草味才成为我们常见的口味之一。

　　香兰素在我国的生产和使用也有较长的历史，我国是世界上生产香兰素的主要国家。

美味蛋糕店

今日推荐
香草味
蛋糕

目前，我国允许香兰素应用于较大婴儿、幼儿配方食品和一些婴幼儿谷类辅助食品中，**最大使用量分别为5mg/100mL和7mg/100g，但不允许在0~6个月婴儿配方食品中添加。**

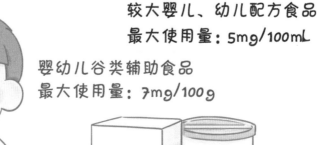

较大婴儿、幼儿配方食品
最大使用量：5mg/100mL

婴幼儿谷类辅助食品
最大使用量：7mg/100g

0~6个月婴儿配方食品

香兰素也被广泛应用于冰淇淋、糖果及焙烤食品中，除法律、法规及食品安全标准另有规定的外，都应按生产需要适量使用。

哪些食物可以补钙？

钙是人体不可或缺的一种重要矿物质。特别是儿童成长发育时期，需要及时补充钙质才能保证骨骼、牙齿等的健康生长。那么，哪些食物可以补钙呢？

牛奶

牛奶营养丰富，含钙量高，是人体钙的最佳来源，并且钙、磷比例较合适，还含有维生素C、乳糖、氨基酸等，能促进钙的吸收利用。

芝麻酱

芝麻酱是含钙量较丰富的食物，含钙量比蔬菜和豆类都高，经常食用对骨骼、牙齿的发育都大有益处。另外，它富含蛋白质、氨基酸及多种维生素和矿物质，有很高的营养价值。

虾皮

虾皮不是指虾的皮，而是一种晒干之后的小海虾。虾皮的含钙量丰富，老年人常食虾皮，有助于预防自身因缺钙所致的骨质疏松症，对提高食欲和增强体质都有好处。

不少绿叶菜在补钙效果上一点也不逊色，比如荠菜，每100g荠菜的钙含量就有294mg。荠菜还含有丰富的胡萝卜素、B族维生素和维生素C，胡萝卜素在体内可以转化成维生素A。

榛仁在各种坚果中含钙量最高，每100g炒榛子钙含量高达815mg，能够满足成年人一天的钙需求量。但坚果类能量普遍偏高，每天食用一小把即可。

黑豆的钙含量很丰富，比普通黄豆的含钙量要高，也是一种不错的补钙食物。

想要多补钙，日常除了要多吃含钙的食物之外，还要注意维生素D的补充，多运动、晒太阳。

为什么有的人喝牛奶会拉肚子？

有些人一喝牛奶肚子就咕噜咕噜响，甚至会腹痛、腹泻，这是怎么一回事呢？其实这是由于自身乳糖不耐受的缘故，是一种常见的营养吸收障碍，这种症状叫乳糖不耐症。

乳糖不耐症，又称乳糖消化不良或乳糖吸收不良，是指饮用了含乳糖的食物后，出现腹泻、呕吐、腹胀等胃肠道不适症状。婴儿通常都可以正常合成乳糖酶，但是随着年龄增长，有的人消化道内会逐渐减少乳糖酶的合成，导致不能分解和吸收乳糖，这时饮用牛奶就会出现腹胀、腹泻等不适症状，即乳糖不耐症。

有乳糖不耐受的人只能对牛奶敬而远之么?

如果只是轻微的乳糖不耐受,可以少量多次地喝点牛奶来缓解症状,循序渐进地唤醒人体消化牛奶的能力。

对乳糖不耐受较严重的人,可以从酸奶、低乳糖奶等入手,这些奶提前"消化"了牛奶中的大部分乳糖,既保持了牛奶的营养,又不会闹肚子,随着饮用次数和量的增加,说不定还能重拾体内的"牛奶记忆",所以有乳糖不耐受的人并不必谈"奶"色变。

水果、蔬菜可以互相代替吗？

水果和蔬菜有很多相似之处，很多人觉得不爱吃蔬菜或水果可以用另一种代替，也能够满足人体所需，这种观点正确吗？

水果、蔬菜是两类不同的食物，它们的营养素种类和含量不同。

蔬菜的品种远多于水果。营养丰富的蔬菜中维生素、矿物质、膳食纤维和类黄酮等对健康有益的成分含量普遍高于水果，所以水果无法代替蔬菜。

而与蔬菜相比，水果可以直接食用，其营养成分不受烹调等因素的影响，破坏较少，而且水果中丰富的有机酸对促进消化、增进食欲有益。

　　所以，蔬菜和水果各有千秋，根据《中国居民膳食指南（2022）》的建议，日常膳食应保证每人每天200～350g水果、300～500g蔬菜，做到餐餐有蔬菜，天天吃水果。

为什么有人吃东西会过敏？

对某种食物过敏的人，吃东西的时候都会特别小心。食物过敏轻则可能引起嘴唇红肿、咳嗽、打喷嚏、恶心呕吐、腹痛腹泻等症状，重则可能引发呼吸困难、血压急剧下降、意识丧失等过敏性休克症状。为什么有人吃东西会过敏呢？

过敏原

过敏原是能够诱发机体发生过敏反应的抗原物质。食品过敏原是指食品中存在的被过敏体质人群摄入后能够诱发过敏反应的天然或人工添加的物质。

食品过敏原产生的过敏反应包括呼吸系统、肠胃系统、中枢神经系统、皮肤、肌肉和骨骼等出现的不同形式的临床症状，有时可能产生过敏性休克，甚至危及生命。

现在已知约有160多种食品过敏原，可以分为8个类别：

1.含有麸质的谷物及其制品（如小麦、黑麦、大麦、燕麦、斯佩尔特小麦或它们的杂交品系）；

2.甲壳纲类动物及其制品（如虾、龙虾、蟹等）；

3.鱼类及其制品；

4.蛋类及其制品；

5.花生及其制品；

6.大豆及其制品；

7.乳及乳制品（包括乳糖）；

8.坚果及其果仁类制品。

多吃核桃真的会变聪明吗？

我们常说吃啥补啥，因为核桃长得像大脑，好多人就认为多吃核桃能补脑，小孩多吃可益智，老年人多吃可防记忆力衰退，用脑过度的人可拿核桃当补品。多吃核桃真的能提高智商使人变聪明吗？

核桃看起来像个微型的人脑，含有多种有益大脑健康的营养物质，建议经常适量摄取。

核桃和其他坚果中含有一定量的 α-亚麻酸，在体内可以转化成与人类大脑发育相关的DHA。其实深海鱼类和蛋黄中也含有丰富的DHA，每周吃鱼三次且至少一次深海鱼+每天1个蛋，就可以满足身体对DHA的需要。

α-亚麻酸及核桃中其他有益大脑健康的营养物质在其它坚果中的含量同样丰富,并非核桃独有。

　　要想保证大脑的正常发育,不能只靠核桃。大脑的发育和运转需要许多营养物质的帮助,比如从谷类食物中获取的葡萄糖,就是大脑活动的唯一能源。所以要养成不挑食的好习惯,饮食做到食物多样、合理搭配。

　　葡萄糖对于大脑,就像汽油对于汽车。平时要注意合理膳食,保证碳水化合物类食物的摄入,可以让大脑保持兴奋,有助于保证学习和工作效率。

喝鲜榨果汁等于吃水果吗？

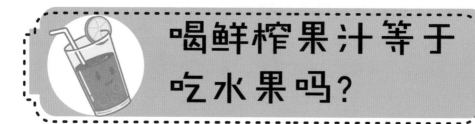

有些孩子不爱吃水果，却对果汁爱不释手，家长们觉得鲜榨果汁跟水果的营养类似，甚至果汁的吸收效果比水果还好，就用鲜榨果汁代替水果，可事实真的如此么？

其实，鲜榨果汁的营养与水果比有明显差距，不能用果汁替代水果。

果汁在压榨的过程中，不但会损失一定量的维生素、多酚类物质、膳食纤维等，还很容易让人们在不知不觉中吃下较多的糖分和热量，因为两三个完整的苹果很难一次性吃下，而榨出的果汁却可以喝得很轻松。长期喝果汁还容易使儿童的牙齿缺乏锻炼，减弱面部肌肉的力量，对儿童健康也不利。

喝果汁不等于吃水果，还是多享受下完整水果的原汁原味吧！

豆浆能代替牛奶吗?

在我国有不少乳糖不耐受的人,一喝牛奶肚子就不舒服,于是很多人用豆浆来代替牛奶。豆浆的营养价值也很高,可是豆浆真的能代替牛奶么?

虽然豆浆中的蛋白质含量与牛奶相当,也易于消化吸收,但其饱和脂肪酸、碳水化合物、锌、硒、维生素A、维生素B₂等的含量却低于牛奶,而且其钙含量只有牛奶的十分之一。有乳糖不耐受的人最好还是用酸奶或低乳糖奶来代替牛奶。

不过豆浆含有大量的低聚糖、异黄酮、植物甾醇等成分且不含胆固醇，很适合老年人及心血管病患者饮用。

所以豆浆和牛奶有各自的营养价值，每天两种都适量饮用最好！

健康的全谷物，吃得越多越好吗？

千百年来，各种谷类食物一直是国人餐桌上的主角。与精加工的谷物相比，全谷物保留了天然谷物的全部成分，可以提供更多的B族维生素、矿物质、膳食纤维等营养成分及有益健康的植物化学物，越来越受到现代人的青睐。全谷物这么健康，吃得越多就越好吗？

全谷物家族

胚乳

皮层

胚芽

先来说说什么是全谷物？谷物是由胚乳、胚芽和皮层三部分组成的，只要加工过程中保留了整个谷物籽粒的这三个部分，不管是完整的谷物还是被粉碎的，都属于全谷物。稻米、小麦、大麦、燕麦、黑麦、黑米、玉米、高粱、小米、荞麦、薏米等只要加工得当，都是全谷物。

全谷物虽然健康，但其中也含有一些抗营养因子，食用过多可能会影响人体对其它营养素的吸收。另外，全谷物中丰富的膳食纤维使其具有较为粗糙的口感和不易消化的特性，对肠胃较弱的儿童和老年人来说不适合过多食用。家庭可以采用焖、煮、炖等烹调方式，让全谷物既好吃又容易消化。

《中国居民膳食指南（2022）》建议，经常吃全谷物，每天吃全谷物和杂豆类50~150g。

都是纯牛奶，为什么喝起来味道不一样？

　　牛奶中含有丰富的营养物质，每天一杯牛奶，是很多人的早餐标配。但是你有没有发现，同样都是纯牛奶，有的喝起来醇厚香浓，有的却口感稀薄、乳香清淡，这是为什么呢？

　　就像妈妈的饮食会影响母乳的味道，牛奶也一样。不同乳牛品种、饲养环境、季节等都会对牛奶的风味产生影响。所以，不同品牌的牛奶，口感不同很正常。

那为啥同一品牌不同系列的牛奶喝起来味道也不一样呢？

这就得从牛奶的加工工艺说起了。牛奶中的风味物质主要存在于脂肪中，若对牛奶进行脱脂处理，风味物质也会被脱去，所以低脂、脱脂牛奶奶味更淡。

采用巴氏杀菌的奶，由于杀菌温度较低，能最大程度地保留牛奶本身的营养和清香的口感，所以巴氏奶通常会比常温奶更好喝。

编绘团队

食品有意思是食品伙伴网旗下的原创科普团队，专注于食品安全与营养健康领域的原创科普作品制作与传播工作。目前已独立制作推出了700余期原创科普动画，绘制上万幅科普插图，被评为山东省科普先进集体、山东省优秀科普人物等多项殊荣，并斩获30余个科普奖项。食品有意思致力于以创新的方式将复杂、深奥的科学知识转化为有趣且易于理解的动画和漫画内容，并通过网络、移动设备、课堂讲座等线上线下渠道广泛传播推广。无论是网络上的精彩动画，还是手机上的有趣漫画，我们致力于为大众提供高质量的科普内容，努力将食品安全与营养健康的重要知识传递给更多的人。

文字策划

缪链　　　王晓慧　　　张执航　　　刘双双　　　冯艳艳

绘画

万萌萌　　宫雪　　于乾乾　　张蒙　　侯春　　高歌